景观马克笔表现基础
/ Landscape Expression with Marker Basis

编著 张权

辽宁美术出版社
Liaoning Fine Arts Publishing House

序 >>

当我们把美术院校所进行的美术教育当作当代文化景观的一部分时，就不难发现，美术教育如果也能呈现或继续保持良性发展的话，则非要"约束"和"开放"并行不可。所谓约束，指的是从经典出发再造经典，而不是一味地兼收并蓄；开放，则意味着学习研究所必须具备的眼界和姿态。这看似矛盾的两面，其实一起推动着我们的美术教育向着良性和深入演化发展。这里，我们所说的美术教育其实有两个方面的含义：其一，技能的承袭和创造，这可以说是我国现有的教育体制和教学内容的主要部分；其二，则是建立在美学意义上对所谓艺术人生的把握和度量，在学习艺术的规律性技能的同时获得思维的解放，在思维解放的同时求得空前的创造力。由于众所周知的原因，我们的教育往往以前者为主，这并没有错，只是我们需要做的一方面是将技能性课程进行系统化、当代化的转换；另一方面，需要将艺术思维、设计理念等这些由"虚"而"实"体现艺术教育的精髓的东西，融入我们的日常教学和艺术体验之中。

在本套丛书出版以前，出于对美术教育和学生负责的考虑，我们做了一些调查，从中发现，那些内容简单、资料匮乏的图书与少量新颖但专业却难成系统的图书共同占据了学生的阅读视野。而且有意思的是，同一个教师在同一个专业所上的同一门课中，所选用的教材也是五花八门、良莠不齐，由于教师的教学意图难以通过书面教材得以彻底贯彻，因而直接影响教学质量。

在中国共产党第二十次全国代表大会上，习近平总书记在大会报告中指出："教育、科技、人才是全面建设社会主义现代化国家的基础性、战略性支撑……全面贯彻党的教育方针，落实立德树人根本任务，培养德智体美劳全面发展的社会主义建设者和接班人。坚持以人民为中心发展教育，加快建设高质量教育体系，发展素质教育，促进教育公平。"党的二十大更加突出了科教兴国在社会主义现代化建设全局中的重要地位，强调了"坚持教育优先发展"的发展战略。正是在国家对教育空前重视的背景下，在当前优质美术专业教材匮乏的情况下，我们以党的二十大对教育的新战略、新要求为指导，在坚持遵循中国传统基础教育与内涵和训练好扎实绘画（当然也包括设计、摄影）基本功的同时，借鉴国内外先进、科学并且灵活的教学方法、教学理念以及对专业学科深入而精微的研究态度，努力构建高质量美术教育体系，辽宁美术出版社会同全国各院校组织专家学者和富有教学经验的精英教师联合编撰出版了美术专业配套教材。教材是无度当中的"度"，也是各位专家多年艺术实践和教学经验所凝聚而成的"闪光点"，从这个"点"出发，相信受益者可以到达他们想要抵达的地方。规范性、专业性、前瞻性的教材能起到指路的作用，能使使用者不浪费精力，直取所需要的艺术核心。从这个意义上说，这套教材在国内还具有填补空白的意义。

目 录
CONTENTS

一、景观手绘表现工具的绘制方法	1
（一）铅笔	1
（二）彩色铅笔	2
（三）马克笔	4
二、景观空间线稿表现分析	7
三、景观空间表现步骤图技法图解	12
（一）景观空间表现步骤图技法图解	12
（二）景观空间表现步骤图技法图解	16
（三）景观空间表现步骤图技法图解	20
（四）景观空间表现步骤图技法图解	24
（五）景观空间表现步骤图技法图解	28
四、景观空间线稿、色稿对应表现	32
五、景观空间色彩表现分析	52

前　言
PREFACE

　　手绘设计表达一直是设计师、设计专业的学生学习分析、记录理解、表达创意的重要手段，其重要性体现在设计创意的每一个环节，无论是构思立意、逻辑表达还是方案展示，无一不需要手绘的形式进行展现。对于每一位设计专业的从业者，我们所要培养和训练的是表达自己构思创意与空间理解的能力，是在阅读学习与行走考察中专业记录的能力，是在设计交流中展示设计语言与思变的能力。而这一切能力的养成都需要我们具备能够熟练表达的手绘功底。

　　由于当下计算机技术日益对设计产生重要的作用，对于设计最终完成的效果图表达已经不像过去那样强调手头功夫，但是快速简洁的手绘表现在设计分析、梳理思路、交流想法和收集资料的环节中凸显其重要性；另外，在设计专业考研快题、设计公司招聘应试、注册建筑师考试等环节也要求我们具备较好的手绘表达能力。

　　本套丛书的编者都具备丰富的设计经验和较强的手绘表现能力，在国内专业设计大赛中多次获奖，积累了大量优秀的手绘表现作品。整套丛书分为《手绘设计——草图方案表现》《手绘设计——室内马克笔表现》《手绘设计——建筑马克笔表现》《手绘设计——景观马克笔表现》。内容以作品分类的形式编辑，配合步骤图讲解分析、设计案例展示等环节，详细讲解手绘表现各种工具的使用方法，不同风格题材表现的技巧。希望此套丛书的出版能为设计同仁提供一个更为广阔的交流平台，能有更多的设计师和设计专业的学生从中有所受益，更好地提升自己设计表现的综合能力，为未来的设计之路奠定更为扎实的基础。

刘宇

一、景观手绘表现工具的绘制方法

景观手绘图所用的材料十分丰富，如果能够了解各种绘画材料的特性以及正确的表现方法和流程，对于初学者来说往往可以起到事半功倍的效果。选用何种材料由多种因素决定，如设计师的喜好、是构思草图还是正图、表现内容的需要，等等，常用的主要有以下一些工具。

（一）铅笔

铅笔是目前最常用的绘图工具，品种丰富且具有很强的表现力。铅笔在手绘表现中主要分单色铅笔画和彩色铅笔画。其中前者主要是表现其黑白关系，后者在此基础上又增加了色彩关系，更加形象和生动。

手绘的表现形式多种多样，其中单色是黑白表现的一种类型。铅笔的技法主要来自于绘画领域，在表现形式和风格上具有独特的魅力。铅笔的型号一般被分为13种，即从6H～6B型。HB为中性、H～6H为硬性铅笔，B～6B为软性铅笔。体现在纸面上就是轻与重的关系，我们在练习中常用的是2B铅笔。另外，还有一种较为高级的绘图专用铅笔，常用粗细为2.0，十分适合草图方案的绘制（图1-1）。

图1-1 作者：张权

图1-2 作者：张权

利用铅笔进行黑白表现的风格主要有两种形式：

素描形式：素描可以通过利用黑、白、灰的明暗关系来增强视觉冲击力。表现物体的主次、远近，体现层次变化和节奏关系，从而进一步表现质感、肌理、光感等。素描表现形式比较侧重于排线的效果，画面的主要内容需要重点刻画，其余部分可以适当省略。其明暗虚实关系和光影效果可以不必像纯绘画那样真实和强烈，而是更注重内容的表现和画面统一完整，以体现特有的徒手景观绘画效果。另外，在笔法上追求流畅自如、软硬结合，而不必刻意强调线条的曲直，可以采用连笔的技法（图1-2）。

线描形式：线描是以勾线形式进行手绘表现的形式，以体现画面内容的主要结构和形态为目的，常先用铅笔打底稿，然后再用绘图笔描摹完成。适合着色表现，是一种十分常见的黑白表现形式（图1-3）。

（二）彩色铅笔

彩色铅笔是一种十分简便快捷的手绘工具。其色彩丰富，携带方便，表现快速而简洁，线条感

一、景观手绘表现工具的绘制方法

图1-3 作者：刘宇

图1-4 作者：张权

PERFORMANCE OF LANDSCAPE MARKER

强，可徒手绘制，也有靠尺排线，技法难度不大容易掌握（图1-4）。

彩色铅笔分为水溶性与蜡质两种。其中水溶性彩色铅笔较常用，它具有溶于水的特点，与水混合具有浸润感，可以用小毛笔晕染，也可用手指擦抹出柔和的效果。彩色铅笔不宜大面积单色使用，否则画面会显得呆板、平淡，绘制时要注意虚实关系的处理和线条排列的美感。在实际绘制过程中，彩色铅笔往往与其他工具配合使用，如利用针管笔勾画景观空间轮廓，用彩色铅笔着色；与马克笔结合运用铺设画面大色调，再用彩色铅笔叠彩法深入刻画细部；或与水彩结合体现色彩退晕效果等。彩色铅笔的表现要领有以下一些方面：

用笔力度的掌控上许多使用者在用彩色铅笔绘制时往往觉得它的表现力不如其他工具来得醒目，如果处理不好甚至会觉得比较平淡，出现这种情况往往与彩色铅笔的特性有一定的关系。与普通铅笔相比彩铅的着纸性能较弱，因此，在绘制时要加大用笔的力度，加强明度的对比关系，从而体现彩色铅笔特有的表现魅力。当然，用笔力度的加强也不是一概而论的，要根据实际情况和具体的内容要求来区分不同的明度要求，使画面达到理想的效果（图1-5）。

笔触的运用法则：笔触是体现彩色铅笔表现效果的一个重要因素，在彩色铅笔的笔触运用时要讲究规律性和线条的方向感，特别是在表现大面积的色彩时，统一的线条使画面效果保持完整。但是在表现一些细部或小面积的色彩时，笔触的运用要随机应变，随形体的变化进行灵活的变动和调整（图1-6）。

利用彩色铅笔表现画面时，如果仅仅依靠大面积的排线往往会觉得过于单调，为了体现彩色铅笔丰富的色彩变化可以在大面积的单色里加入其他颜色进行调配补充，营造画面多层次、生动的效果。加入的颜色除了可以选用与主色类似的颜色之外，还可以选用有对比关系的颜色进行调和。在不影响色彩主次关系的前提下，利用色彩的冷暖关系烘托轻松、丰富的画面气氛（图1-7）。

彩色铅笔主要的表现手段有：

排线法运用彩色铅笔均匀地排列出铅笔线条，达到色彩一致的效果。

叠彩法运用不同色彩的铅笔排列线条，色彩可重叠使用，色彩变化较丰富。

水溶法利用水溶性彩色铅笔溶于水的特点，将彩色铅笔线条与水融合，达到退晕的效果，画面柔和，有类似于水彩的视觉效果。

（三）马克笔

马克笔是英文"MARKER"的音译，意为记号笔。笔头较粗，附着力强，不易涂改，它先是被广告设计者和平面设计者所使用，后来随着其颜色和品种的增加也被广大室内设计者所选用。目前市场较为畅销的品牌如日本的YOKEN、德国的STABILO、美国的PRISMA及韩国的TOUCH等。

  马克笔按照其颜料不同的特征可分为油性、水性和酒精性三种。油性笔以美国的PRISMA为代表，其特点是色彩鲜艳，纯度较低，色彩容易扩散，灰色系十分丰富，表现力极强。酒精笔以韩国的TOUCH为代表，其特点粗细两头笔触分明，色彩透明，纯度较高，笔触肯定，干后色彩稳定，不易变色。水性笔以德国的STABILO为代表，它是单头扁杆笔，色彩柔和，层次丰富，但反复覆盖色彩容易变得浑

图1-5 作者：张权

浊，同时对绘图纸表面有一定的伤害。马克笔颜色种类十分丰富，可以画出需要的各种复杂、对比强烈的色彩变化，也可以表现出丰富的层次递进的灰色系。

手绘设计——景观马克笔表现

图1-6 作者：许韵彤

图1-7 作者：许韵彤

二、景观空间线稿表现分析

图2-1 作者：贾小静

图2-2 作者：贾小静

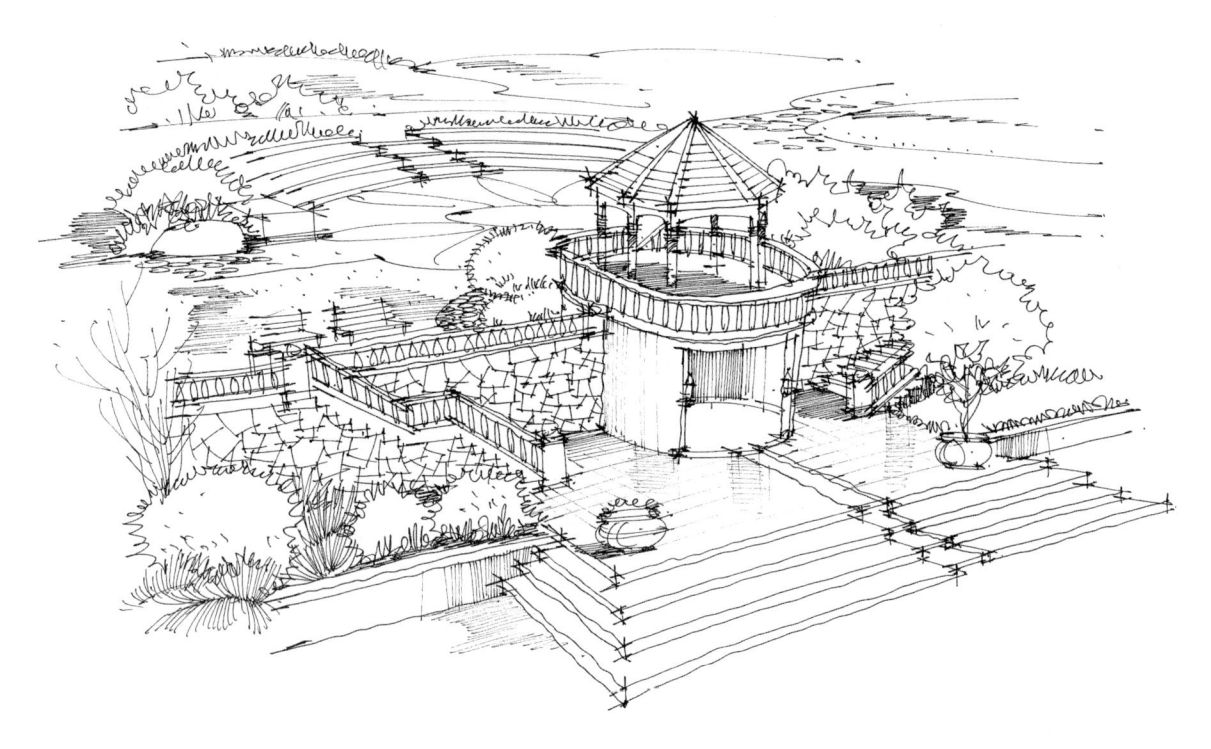

图2-3 作者：李磊

图2-4 作者：夏嵩

二、景观空间线稿表现分析

图2-5 作者：李磊

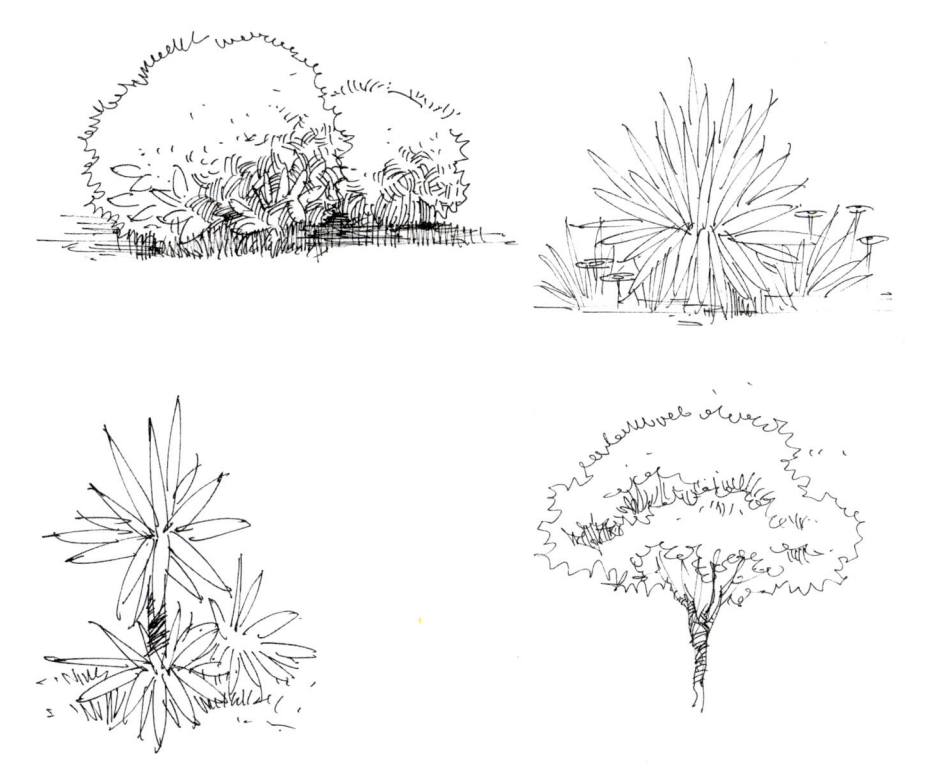

图2-6 作者：张权

手绘设计——景观马克笔表现

图2-7 作者：张权

二、景观空间线稿表现分析

图2-8 作者：张权

PERFORMANCE OF LANDSCAPE MARKER

三、景观空间表现步骤图技法图解

（一）景观空间表现步骤图技法图解

步骤一：首先针对此场景我们先选用0.3或0.5的勾线笔对此场景进行线稿的绘制。在塑造的过程中，应充分考虑画面的主次关系，尤其是对该场景起点睛作用的前景雕塑，我们应细致刻画，用较粗的线条勾出轮廓。而后面的植物应该以概括表现为主，衬托主体建筑，用密集的线条形成块面效果为好。主体建筑的线条表现应该注重大结构的空间关系，光影的处理应该注重线条的虚实处理，形成不同的建筑层次关系。

景观步骤图详解——实景照片

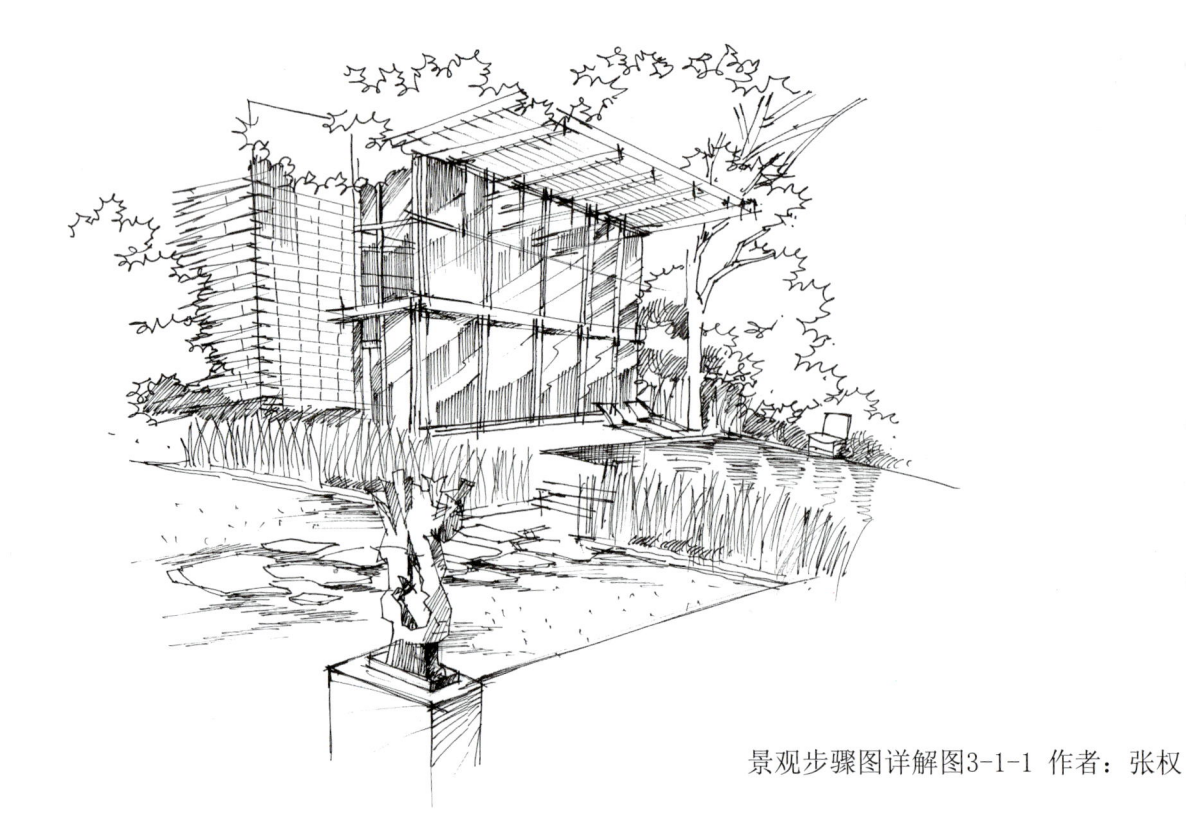

景观步骤图详解图3-1-1　作者：张权

三、景观空间表现步骤图技法图解

步骤二：在上色之前应首先分析此场景，整个图片为暗色调空间，整体色调偏暖。因此选用较厚重的暖色系的韩国酒精马克笔T系列（如WG5、WG7）将建筑主体进行概括着色。在此过程中，应注意玻璃幕墙与室内灯光的融合，这方面的处理是个难点，尽量避免笔触太实，多采用扫笔等放松的笔触将室内的灯光描绘出来。与此同时，将背景植物加以简单的色彩，进行概括处理。

景观步骤图详解图3-1-2　作者：张权

步骤三：这一步我们将继续深入建筑主体的表现，并将背景植物加重。强调建筑受光的色彩变化，同时注意建筑主体结构与玻璃幕墙的虚实关系。中部草丛与地面起到分隔层次的作用，因此分别选用较重而偏冷的绿色以突出植物层次，选用冷而暗的冷灰色系塑造地面，从而营造暗色调空间。在运用马克笔时要注意笔法的流畅。

景观步骤图详解图3-1-3　作者：张权

PERFORMANCE OF LANDSCAPE MARKER

（二）景观空间表现步骤图技法图解

步骤一：此景观的线稿应处理好主景树与其他配景的关系。将作为背景的建筑推到画面的后面，使其成为全图的底景。画面的重点应放在院落的主景树上，对其树根的穿插以及叶冠的明暗层次变化都应着重刻画；而对其他树应以概括的手法进行处理。同时注意光影的描绘，可增强画面的层次。

景观步骤图详解——实景照片

景观步骤图详解图3-2-1 作者：张权

三、景观空间表现步骤图技法图解

步骤二：考虑此场景为夜景，主体光源为人工光源，因此对氛围的渲染尤为重要。首先，选用较重的暖灰色马克笔将建筑的屋檐涂重，同时对室内的灯光进行概括。灯光的色彩不应太强，以柔和为主。初步用彩色铅笔将植物的色彩进行概括。

景观步骤图详解图3-2-2　作者：张权

步骤三：对整体植物用马克笔开始着色，着重体现人工光源对于树冠明暗的变化，处理时选用较为暖的绿色刻画暗部，将画面大体的关系画出，笔触应干净利落，色彩应尽量避免过于艳丽。之后，用偏灰的绿色做出植物的灰面，亮部暂时留一些白或用一些偏亮的绿色稍微点缀。

景观步骤图详解图3-2-3 作者：张权

步骤四：全面深入整体画面，增强明暗对比度。注意对主景树明暗变化的刻画，地面的光影应给予加强。用较深的冷灰色系马克笔加重远山的色彩。初步用深蓝色的彩色铅笔给天空进行着色。笔触可粗糙一些，将大的云朵关系画出即可。

景观步骤图详解图3-2-4 作者：张权

步骤五：对画面整体场景进行调整。弱化室内灯光的颜色，深化天空的表现，增强空间层次。由于表现夜晚的天空不能选用单纯的蓝色，我们需要用一些暗紫或是黑色的彩色铅笔将天空加暗，丰富层次变化。地面草皮的颜色进一步用灰绿色调整，把地面的暖灰色系及两边的植物连接在一起。同时注重处理植物和建筑在地面上的光影关系，注重光影的冷暖变化，通过光影将画面中的物体较好地联系在一起。

景观步骤图详解图3-2-5　作者：张权

（三）景观空间表现步骤图技法图解

步骤一：首先采用一点透视的画法对该场景进行线稿的绘制。画面应充分考虑整体的层次变化，应大体概括空间关系，不应陷入局部的描绘。两岸的树木以较粗的自由曲线勾勒，而处于近景水面以及地面拼花、花草的姿态可详细刻画。注意线条的组合应在画面中形成近实远虚的关系。

景观步骤图详解——实景照片

景观步骤图详解图3-3-1 作者：张权

三、景观空间表现步骤图技法图解

步骤二：按照空间视线的消失规律，我们首先选用偏冷的绿色马克笔将处于远景的树木着色。不要拘泥细节，马克笔的笔触应轻重快慢相结合。画面背景的楼群尽量用冷暖灰结合的方式描绘，使其推到远处。处于下面的低矮灌木应使用重颜色表现，使画面有较好的稳定感。

景观步骤图详解图3-3-2 作者：张权

步骤三：此阶段应全面上色。用较暖的绿色马克笔有节奏地将位于中景部分的树木画出。初步用彩色铅笔与马克笔结合的方式画出前后的水面。此步骤应注意树木本身的整体明暗色块关系，多用些大的笔触，按照植物的结构关系进行笔触塑造。前面草本植物的刻画应以整体块面为主，靠近前面的草丛可用一些亮的颜色，并且主观上用一些偏暖的绿色协调与远景树木的层次关系。

景观步骤图详解图3-3-3 作者：张权

PERFORMANCE OF LANDSCAPE MARKER

步骤四：完成植物的大面积着色，着重刻画前后水面的空间关系。由于客观的图片中水面的色彩比较暗，颜色发脏，因此，我们主观上对其颜色进行调整，选用蓝色等冷色马克笔分层次进行表现。注意后面的水体应概括，整体偏暗，而处于前面的水面可刻画得多一些变化，画出周围树木以及岸边植物在水中的倒影。

景观步骤图详解图3-3-4　作者：张权

三、景观空间表现步骤图技法图解

步骤五：调整整体关系。对岸边的材质及纹理的变化用马克笔的细头进行勾勒，深入刻画水面的色彩关系，注意冷暖的结合。用蓝色彩色铅笔渲染天空，完成画面。

景观步骤图详解图3-3-5　作者：张权

PERFORMANCE OF LANDSCAPE MARKER

（五）景观空间表现步骤图技法图解

步骤一：根据我们所选图片分析此景观为商业街区景观，建筑的表现成为画面的重点，因此在着色之前，先将场景的线稿绘出。考虑此景观的特性，我们采用比较简练的线条勾勒场景中的建筑轮廓。注意线条可放松些，画面中可多些人物来点缀场景。

景观步骤图——实景照片

景观步骤图详解图3-5-1　作者：张权

三、景观空间表现步骤图技法图解

步骤二：在绘制线稿之后，我们开始对画面进行渲染。首先我们先用彩色铅笔将画面的主体建筑涂重，对整体场景的色调进行把控。在上色时应注意彩色铅笔用笔的方向以及有些地方可以留白，为马克笔的深入表现留出空间。在大体色调完成之后，可以进入深入表现的阶段。

景观步骤图详解图3-5-2 作者：张权

步骤三：该阶段开始采用马克笔，用概括的笔法将画面处于背景的建筑加重，要分出建筑本身的固有色以及受光源影响的亮面颜色，同时要注意建筑本身的体块关系，强调光源下的明暗对比。与此同时，顺势将两边的建筑概括地表现出来，在处理时边缘的笔触须谨慎进行表现。

景观步骤图详解图3-5-3 作者：张权

PERFORMANCE OF LANDSCAPE MARKER 29

步骤四：加强明暗对比的变化，注意环境色的色彩变化，着重刻画背景建筑的材质以及纹理关系。尤其要将建筑玻璃幕墙的冷暖关系进行处理，使其有通透感。前后的枯树以及花草的颜色可厚重些，用利落的笔触概括。

景观步骤图详解图3-5-4　作者：张权

三、景观空间表现步骤图技法图解

步骤五：进入全面调整画面的阶段，在大体色调不变的前提下，有些细节可以点亮画面，人物色彩的选择可丰富些，但仍要注意前后人物之间的层次关系。中间的水池可以刻画得细致一些，水柱的形状可用白色修正液来提亮。最后在用冷灰的颜色将人物以及其他物体的阴影进行收笔，最终调整完成画面。

景观步骤图详解图3-5-5　作者：张权

四、景观空间线稿、色稿对应表现

图4-1 作者：刘宇

四、景观空间线稿、色稿对应表现

图4-2 作者：刘宇

手绘设计——景观马克笔表现

图4-5 作者：张权

图4-6 作者：张权

四、景观空间线稿、色稿对应表现

图4-7 作者：张权

图4-8 作者：张权

PERFORMANCE OF LANDSCAPE MARKER

图4-9 作者：韦民

四、景观空间线稿、色稿对应表现

图4-10 作者：韦民

PERFORMANCE OF LANDSCAPE MARKER

手绘设计——景观马克笔表现

图4-11 作者：张权

四、景观空间线稿、色稿对应表现

图4-12 作者：张权

PERFORMANCE OF LANDSCAPE MARKER

图4-15 作者：张权

四、景观空间线稿、色稿对应表现

图4-16 作者：张权

图4-17 作者：张权

四、景观空间线稿、色稿对应表现

图4-18 作者：张权

手绘设计——景观马克笔表现

图4-19 作者:张权

四、景观空间线稿、色稿对应表现

图4-20 作者：张权

PERFORMANCE OF LANDSCAPE MARKER

手绘设计——景观马克笔表现

图4-21 作者：张权

四、景观空间线稿、色稿对应表现

图4-22 作者：张叔

PERFORMANCE OF LANDSCAPE MARKER 51

五、景观空间色彩表现分析

图5-1 作者：刘宇

五、景观空间色彩表现分析

图5-2 作者：许韵彤

PERFORMANCE OF LANDSCAPE MARKER　53

手绘设计——景观马克笔表现

图5-3 作者：许韵彤

五、景观空间色彩表现分析

图5-4 作者：许韵彤

PERFORMANCE OF LANDSCAPE MARKER

手绘设计——景观马克笔表现

图5-5 作者：刘永喆

五、景观空间色彩表现分析

图5-6 作者：夏嵩

PERFORMANCE OF LANDSCAPE MARKER

57

手绘设计——景观马克笔表现

图5-7 作者：许蕊均

58

五、景观空间色彩表现分析

图5-8 作者：张叔

PERFORMANCE OF LANDSCAPE MARKER

手绘设计——景观马克笔表现

图5-9 作者：李磊

60

五、景观空间色彩表现分析

图5-10 作者：张权

手绘设计——景观马克笔表现

图5-11 作者：张权

五、景观空间色彩表现分析

图5-12 作者：许韵彤

PERFORMANCE OF LANDSCAPE MARKER

手绘设计——景观马克笔表现

图5-13 作者：许韵彤

五、景观空间色彩表现分析

图5-14 作者：夏嵩

PERFORMANCE OF LANDSCAPE MARKER 65

手绘设计——景观马克笔表现

图5-15 作者：邢玮

五、景观空间色彩表现分析

图5-16 作者：许韵彤

PERFORMANCE OF LANDSCAPE MARKER 67

手绘设计——景观马克笔表现

图5-17 作者：张权

五、景观空间色彩表现分析

图5-18 作者：张权

PERFORMANCE OF LANDSCAPE MARKER

手绘设计——景观马克笔表现

图5-19 作者：张权

五、景观空间色彩表现分析

图5-20 作者：张权

手绘设计——景观马克笔表现

图5-21 作者：许韵彤

五、景观空间色彩表现分析

图5-22 作者：刘宇

PERFORMANCE OF LANDSCAPE MARKER 73

手绘设计——景观马克笔表现

图5-23 作者：许韵彤

图5-24 作者：刘永喆

五、景观空间色彩表现分析

图5-25 作者：张权

PERFORMANCE OF LANDSCAPE MARKER 75

手绘设计——景观马克笔表现

图5-26 作者：张权

图5-27 作者：刘宇